Harpreet Kaur
Rajvir Kaur
Anita Thakur

Remoção de corantes de efluentes utilizando bio-resíduos

Harpreet Kaur
Rajvir Kaur
Anita Thakur

Remoção de corantes de efluentes utilizando bio-resíduos

Revisão

ScienciaScripts

Imprint
Any brand names and product names mentioned in this book are subject to trademark, brand or patent protection and are trademarks or registered trademarks of their respective holders. The use of brand names, product names, common names, trade names, product descriptions etc. even without a particular marking in this work is in no way to be construed to mean that such names may be regarded as unrestricted in respect of trademark and brand protection legislation and could thus be used by anyone.

Cover image: www.ingimage.com

This book is a translation from the original published under ISBN 978-620-2-05667-0.

Publisher:
Sciencia Scripts
is a trademark of
Dodo Books Indian Ocean Ltd. and OmniScriptum S.R.L publishing group

120 High Road, East Finchley, London, N2 9ED, United Kingdom
Str. Armeneasca 28/1, office 1, Chisinau MD-2012, Republic of Moldova, Europe
Printed at: see last page
ISBN: 978-620-8-02461-1

Índice:

Remoção de corantes de efluentes utilizando bio-resíduos

Capítulo 1

1. Introdução

Os corantes são as substâncias que conferem cor às substâncias a que são impostas, ou seja, têxteis, medicamentos, papel, alimentos, etc. Até à década de 1850, os corantes eram obtidos a partir de recursos naturais, como vegetais, flores, plantas, árvores, etc. O cártamo, a alizarina e o índigo são exemplos de corantes naturais. A alizarina é um corante vermelho obtido a partir de plantas e insectos, enquanto o cártamo e o índigo são obtidos apenas a partir de plantas. Os corantes naturais apresentam-se em misturas complexas e são muito instáveis. Por conseguinte, é muito difícil separá-los das misturas. O problema da separação leva ao desenvolvimento de uma nova classe de corantes conhecidos como "corantes sintéticos". O primeiro corante sintético é a anilina, descoberta por William Henry Perkin em 1856. Devido à sua natureza estável, os corantes sintéticos dominam o mercado. Estes corantes sintéticos estão disponíveis num grande número de cores e a cor do corante está relacionada com a estrutura molecular do corante. Em função da solubilidade e da estrutura molecular dos corantes, estes foram classificados nas seguintes categorias: corantes ácidos, básicos, azóicos, reactivos, veterinários, mordentes, dispersos, diretos, sulfurados, etc. São conhecidos cerca de 100 000 corantes comerciais com uma produção anual de aproximadamente 7x105 toneladas por ano (Allen et al. 2004). Uma parte dos corantes presentes nas águas residuais provém diretamente das empresas produtoras e a maior parte dos efluentes das indústrias têxteis.

1.1. Efeito nocivo dos corantes:

Os corantes, que são descarregados nos cursos de água, afectam a saúde humana direta e indiretamente, ou seja, as pessoas que utilizam esta água para se lavarem, tomarem banho e beberem são diretamente afectadas, enquanto as pessoas que consomem os animais e as plantas aquáticas são indiretamente afectadas pela presença de corantes na água. Estes corantes são cancerígenos e mutagénicos por natureza e também responsáveis por alergias, dermatites, irritações cutâneas e respiratórias. Para além disso, estes corantes absorvem a luz solar que entra na água, o que inibe o crescimento de bactérias, inibindo assim a biodegradação dos corantes e de outras impurezas. Em segundo lugar, devido à absorção da luz, a intensidade da luz transmitida na água diminui, o que afecta a saúde dos animais e das plantas aquáticas. A absorção da luz aumenta a temperatura da água à superfície e, assim, promove o crescimento de fungos na superfície, o que reduz o teor de oxigénio na água e, consequentemente, afecta ainda mais a vida aquática.

Devido aos efeitos tóxicos dos corantes acima referidos, é necessário remover os corantes das águas residuais antes da sua descarga nas massas de água. Uma vez que os corantes sintéticos são altamente estáveis e biologicamente não degradáveis, mesmo estes são resistentes à digestão aeróbica. Assim, é muito difícil remover estes corantes dos efluentes. Vários investigadores trabalham na remoção de corantes e foram desenvolvidos numerosos métodos para a remoção destes corantes.

1.2. Método de remoção de corantes:

Os métodos utilizados para a remoção de corantes foram amplamente classificados em: Métodos físicos, químicos e biológicos. Cada método é ainda composto por outros métodos, que são descritos de seguida:

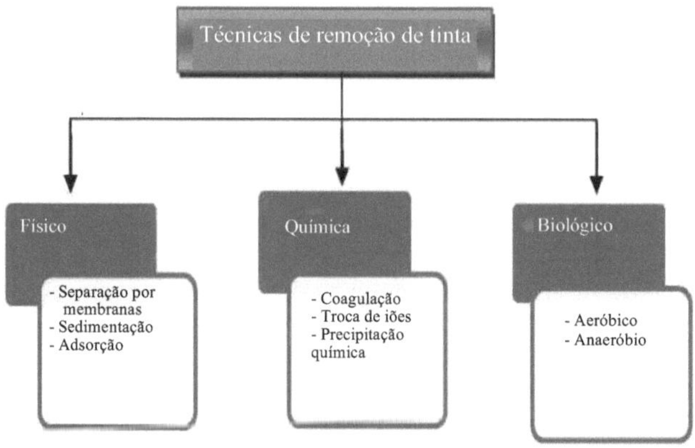

De entre todos estes métodos, o método de adsorção adquire grande popularidade devido à facilidade de utilização e à relação custo-eficácia.

1.3. Adsorção:

A adsorção pode ser definida como um fenómeno de atração do material na superfície de sólidos e líquidos, ou seja, é um fenómeno de superfície e as forças motrizes são forças de superfície. As forças podem ser forças de Vander Waal ou ligações químicas. Dependendo da natureza das forças, a adsorção é conhecida como adsorção física ou fisiossorção (forças de Vander Waal) e adsorção química/quimiossorção (ligações químicas). A substância que fornece a superfície para a adsorção é designada por ***Adsorvente***, enquanto a substância que se concentra na superfície é designada por ***Adsorbato***.

O carvão animal ativado é o exemplo mais popular e comercialmente utilizado de adsorvente. Está disponível em duas formas: carvão ativado em pó (PAC) e carvão ativado granular (GAC). O carvão ativado comercial (CAC) é o adsorvente mais utilizado na indústria, sendo utilizado desde o início dos anos 90 para o tratamento de água potável. O CAC tem excelentes propriedades texturais, como elevada porosidade, elevada área de superfície específica e uma vasta gama de tamanhos de partículas e propriedades físico-químicas, que, em conjunto, são responsáveis pela sua excelente capacidade de adsorção.

O carvão ativado é capaz de remover vários tipos de poluentes, como iões metálicos, corantes, fenóis, uma série de outros compostos orgânicos e inorgânicos e bioorganismos (Bhatnagar e Minocha, 2006). Os corantes ácidos e os corantes básicos são eficazmente adsorvidos na superfície do carvão ativado. Diferentes corantes foram removidos de efluentes por adsorção em carvão ativado. No entanto, o carvão ativado é bastante caro (quanto maior a qualidade, maior o custo). Os outros adsorventes utilizados são a zeólita, as argilas, as nanopartículas, os minérios, etc. Todos estes adsorventes não são económicos e geram resíduos secundários. Assim, na era da investigação, são necessários adsorventes mais económicos e eficazes. Os adsorventes de baixo custo incluem principalmente os bio-resíduos. O termo bio-resíduos abrange todos os tipos de resíduos, tais como: resíduos florestais, resíduos agrícolas, resíduos animais, resíduos aquáticos, resíduos domésticos, lamas, etc., que são capazes de se decompor em condições aeróbias e anaeróbias. Os resíduos florestais incluem casca, serradura, plantas silvestres, etc., enquanto os resíduos agrícolas incluem casca, bagaço de cana-de-açúcar, palha, caule, etc., e resíduos animais como penas, queda. Cascas de fruta, cascas de legumes, chá usado, sementes, etc. são exemplos de resíduos domésticos. Os resíduos de várias indústrias, que contêm celulose, iões metálicos, etc., têm sido utilizados como adsorventes de baixo custo.

Capítulo 2

2. Remoção de corantes por adsorção utilizando resíduos biológicos:

O carvão ativado, devido ao seu custo, não é geralmente utilizado para o tratamento de resíduos. Assim, na procura de adsorventes de baixo custo e facilmente disponíveis para a remoção de corantes, os bio-resíduos têm prioridade sobre os outros. Os diferentes tipos de bio-resíduos utilizados para a remoção de corantes (referidos na literatura) são discutidos a seguir:

2.1. Resíduos agrícolas:

Os materiais que ocorrem naturalmente, como caules, folhas, sementes, etc., são muito abundantes na natureza. Estes materiais requerem um pouco de processamento e, após um pequeno tratamento, podem ser utilizados como adsorventes para o tratamento de águas residuais. Os bio-resíduos agrícolas, devido à sua grande disponibilidade e ao seu custo insignificante, chamaram a atenção de muitos investigadores para o tratamento de águas residuais que contêm corantes. A casca de arroz, o bagaço de cana, as folhas, o coco, a casca de palmeira, as palhas, as sementes, etc., são exemplos de bio-resíduos agrícolas já utilizados para a remoção de corantes como os azo, ácidos, básicos, reactivos, etc.

2.1.1. Casca de arroz:

A casca de arroz, também designada por casca de arroz, é um revestimento da semente ou do grão de arroz. Todos os anos são produzidas mais de 100 milhões de toneladas de casca de arroz, das quais cerca de 96% são produzidas nos países em desenvolvimento. É constituída principalmente por uma elevada percentagem de sílica (aproximadamente 96,34%) e outros compostos orgânicos como a celulose (32,24%), hemiceluloses (21,34%), lenhina (21,44%) e cinzas minerais (15,05%) (Rahman e Ismail, 1993). Os produtos comuns da casca de arroz são: combustível sólido, ou seja, a forma solta, briquetes e pellets, casca de arroz carbonizada produzida e cinzas deixadas após a combustão. A casca de arroz tem uma estrutura granular e é insolúvel em água. Possui uma elevada estabilidade química e resistência mecânica, o que a torna um adsorvente eficaz para a remoção de corantes presentes nas águas residuais (Ngah e Hanafiah, 2008). A casca de arroz tratada e não tratada foi investigada como adsorvente para a remoção do corante azo, vermelho direto 23 (Shivakumar et al. 2012). A casca de arroz, depois de moída, é peneirada através de peneiras de tamanho micro, lavada e finalmente seca a 105^0 C. Alguns investigadores trataram a casca de arroz com ácido cítrico 0,6M para aumentar a eficiência da adsorção e verificou-se que o adsorvente de casca de arroz tratado apresenta uma melhor adsorção do que o adsorvente não tratado. Sharma e Janveja (2008) relataram o mecanismo de adsorção do corante vermelho congo no carvão de casca de arroz ativado por vapor. O carvão ativado preparado a partir de casca de arroz foi utilizado como adsorvente para a remoção do corante ácido, Acid yellow 36 (Malik, 2003a). Foram efectuados estudos em lotes para explorar o potencial de utilização do adsorvente. As isotérmicas de adsorção de Langmuir e Freundlich, a cinética de pseudo-primeira ordem e o modelo de difusão intra-partícula foram estudados com êxito por vários autores. Sumanjit e Prasad (2001) investigaram o efeito da cinza de casca de arroz na adsorção de cinco corantes ácidos, nomeadamente violeta ácido 54, violeta ácido 17, azul ácido 15, violeta ácido 49 e vermelho ácido 119 e os respectivos valores de CQO a partir de uma solução aquosa. Em 1999, McKay et al. estudaram a eficácia da casca de arroz não tratada na remoção de dois corantes básicos, a safranina e o azul de metileno. Do mesmo modo, Chandrasekhar e Pramada (2006) registaram a remoção bem sucedida do corante azul de metileno utilizando cinzas de casca de arroz preparadas a diferentes temperaturas, ou seja, 300, 500, 700 e 900^0 C. As amostras de casca foram recolhidas nos estados indianos de Kerala e Andhra Pradesh. O carvão ativado obtido a partir da casca de arroz foi utilizado como adsorvente por Sharma et al. (2009), para a remoção de outro corante básico, o verde de malaquite, de uma solução aquosa, tentando assim ultrapassar a desvantagem económica do carvão ativado comercial. Ong et al. (2010) estudaram a casca de arroz modificada com etilenodiamina como novo adsorvente não convencional de baixo custo para a remoção de corantes básicos e reactivos, nomeadamente o azul básico 3 e o laranja reativo 16, de uma solução aquosa. A casca de arroz foi investigada como adsorvente para a remoção de corantes básicos e ácidos, nomeadamente azul de metileno e vermelho de congo, por Chowdhury e colaboradores em 2009. A casca de arroz tratada com ácido nítrico e peróxido foi utilizada por Ramaraju e colaboradores (2013) para a remoção do corante básico verde malaquite.

2.1.2. Bagaço de cana-de-açúcar:

O bagaço de cana-de-açúcar, um resíduo argo das indústrias açucareiras, está amplamente disponível e tem sido utilizado como adsorvente alternativo para a remoção de vários poluentes, incluindo corantes de águas residuais (Tahir et al. 2016; Kanawade et al. 2010; Raymundo et al. 2010). O bagaço é a matéria fibrosa que permanece depois de os caules da cana-de-açúcar serem esmagados para extrair o seu sumo. O bagaço da cana-de-açúcar é rico em biomassa lignocelulósica, que compreende principalmente celulose (45-55%), hemiceluloses (20-25%) e lignina (18-24%) (Guilherme et al. 2015). Raymundo et al. (2010) estudaram o bagaço de cana-de-açúcar como adsorvente para a remoção do corante azo vermelho congo de solução aquosa. O material foi estudado sem nenhum tratamento. Foram estudadas várias variáveis optimizadas, tais como: massa de adsorvente, tamanho de partícula, tempo de contacto e pH. O mesmo material também foi utilizado para a remoção do corante vermelho congo por Ibrahim et al. em 2013. Os autores verificaram que a percentagem de remoção do corante diminuía com o aumento do pH, o que mostrava uma melhor adsorção do vermelho congo a um pH mais baixo. Um corante ácido, o vermelho de metilo, foi investigado por Azhar et al. (2005) utilizando bagaço de cana-de-açúcar tratado. Os bagaços de cana-de-açúcar foram quimicamente modificados por tratamento com formaldeído e ácido sulfúrico. O adsorvente tratado com formaldeído apresenta uma melhor capacidade de adsorção do que o bagaço tratado com ácido sulfúrico. Kanawade et al. (2010) investigaram o bagaço de cana-de-açúcar para a remoção de laranja ácido II de uma solução aquosa. O efeito da profundidade do leito e do caudal na curva de escoamento foi estudado com a ajuda do modelo Thomas, Yoon-Nelson. O bagaço de cana-de-açúcar quimicamente modificado (tratado com ácido fosfórico) também foi referido como adsorvente por Saad e colaboradores (2010) para a remoção de alaranjado de metilo de águas residuais. Os dados de equilíbrio foram analisados utilizando as isotérmicas de adsorção de Langmuir e Freundlich. Os autores relataram que o processo de adsorção obedeceu ao modelo cinético de pseudo-segunda ordem. Gusmão et al. (2012) utilizaram o bagaço de cana-de-açúcar tratado com anidrido succínico como adsorvente para remover corantes básicos azul de metileno e violeta de genciana de soluções aquosas. A capacidade máxima de adsorção em monocamada foi de 478,5 e 1273,2 mg/g para azul de metileno e violeta de genciana, respetivamente. Outro autor Tahir et al. (2016) utilizou bagaço de cana-de-açúcar natural e modificado para a adsorção de verde malaquita a partir de solução aquosa com diferentes estudos de adsorção em lote. Os autores concluíram que, ao utilizar o bagaço de cana-de-açúcar modificado como adsorvente, a percentagem de remoção do corante aumentou de 78 para

89.60%. Manaskorn et al. (2004) estudaram o mesmo material sem qualquer tratamento para a remoção de três corantes reactivos, preto de remazol b, azul brilhante de remazol e vermelho brilhante de remazol de soluções aquosas.

2.1.3. Fibras vegetais

As fibras de bastão são compostas principalmente por celulose incorporada numa matriz de outros biopolímeros estruturais, tais como: hemiceluloses, lenhina, pectina, etc. A heterogeneidade faz com que as fibras naturais sejam um adsorvente perfeito. Gupta et al. (2013) relataram um método de adsorção económico para a remoção de alaranjado de metilo de uma solução aquosa em fibra *de Ficus carica* enxertada com ácido acílico. A modificação química foi feita utilizando nitrato de amónio cérico como iniciador para alterar a morfologia da superfície das fibras para a melhoria da adesão interfacial entre a matriz e as fibras. Os dados de equilíbrio foram melhor representados pelo modelo de isoterma de Langmuir com uma capacidade máxima de adsorção de

51,55 mg/g. A fibra de *Ficus carica* enxertada com ácido acílico foi estudada para a descoloração do corante tóxico azul de metileno a partir de uma solução aquosa (Gupta et al. 2012).

2.1.4. Resíduos vegetais

A Opuntia ficus-indica (cato figueira-da-índia) é uma mistura de polissacáridos ácidos e naturais, que consistem em 24,6 a 42,00 % de ácido galacturónico, 7,00 a 13,10 % de ramnose e 22,00 a 22,20 % de xilose. As suas folhas e frutos são consumidos habitualmente como alimento.

A pesquisa da literatura revela que os estudos de biossorção dos corantes azul de metileno, preto de eriocromo T e alizarina foram examinados em cladódios secos de cato de figo da Índia (Barka et al. 2013). Pelaez-Cid et al. (2013) relataram a remoção de corantes básicos e diretos utilizando resíduos de frutos de *Opuntia ficus- indica* tratados quimicamente e não tratados. Thakur e Kaur (2016) registaram a capacidade e o mecanismo de adsorção do corante Rodamina b utilizando carvão de pinha como adsorvente.

2.1.5. Folhas de plantas:

Geralmente, as folhas das árvores contêm fibras florísticas abundantes, proteínas e alguns grupos funcionais, que facilitam o processo de biossorção. As folhas das plantas têm uma estrutura porosa, que pode adsorver eficazmente moléculas de corante e, devido à sua abundância e pouco ou nenhum valor económico, podem ser utilizadas como adsorventes eficazes para o tratamento de águas residuais. O grupo funcional presente na superfície da folha pode atrair as moléculas de corante iónico com carga oposta, o que leva a um aumento da eficiência da remoção do corante das águas residuais. Han et al. (2007) estudaram a remoção de azul de metileno de uma solução aquosa utilizando Phoenix

folhas de árvores como adsorvente. As folhas *de casuarinas* foram recolhidas, lavadas, secas e trituradas até se obter um tamanho de partícula de 40 nm para utilização como adsorvente no estudo de adsorção do corante vermelho congo (Kowsalya et al. 2015). Khan e colaboradores, em 2011, examinaram um novo pó de folha de manga adsorvente de baixo custo para a remoção do corante básico, rodamina b. Outro resíduo agrícola, folhas de gulmohor, foi investigado por Ponnusami et al. (2009) para a remoção de azul de metileno de uma solução aquosa. Dulger et al (2013) relataram os estudos experimentais em lote sobre a adsorção de azul de metileno usando partículas de folhas de sumagre. Os estudos cinéticos e de equilíbrio do adsorvente preparado a partir de folhas de *Psidium* guava na remoção do corante auramina de uma solução aquosa foram efectuados por Gaikward e Misal (2009). O comportamento de adsorção de azul de metileno de uma solução aquosa em folhas mortas e folhas mortas modificadas com NaOH de plátanos foi estudado em várias condições experimentais (Gong et al. 2013). O pó de folhas de pinha contendo celulose (70-80%), lenhina (5-12%) e (2009) para a remoção do corante azul de metileno de uma solução aquosa. Os corantes ácidos e reactivos, nomeadamente o vermelho ácido 1, o azul ácido 25, o vermelho ácido 40, o verde ácido 27, o azul ácido 80 e o azul reativo 19, foram removidos com a ajuda de *Eichhornia crassipes* (*jacinto* de água), um novo adsorvente de baixo custo (Zawahry e Kamel, 2004). O pó de folhas secas no forno de *Calotropis procera* foi relatado para a remoção de corantes amido black 10B (Kaur e Kaur, 2017a), verde malaquita (Kaur e Kaur, 2017b) e vermelho congo (Kaur e Kaur, 2017c) de uma solução aquosa.

2.1.6. Caule e raízes:

Os resíduos vegetais, tais como caules, palha e raízes, têm uma estrutura de poliol e uma capacidade natural de adsorver corantes e outros catiões (Bharathi e Ramesh, 2013). São muito abundantes e económicos. O caule da videira foi utilizado como adsorvente para verificar a sua capacidade de remover corantes ácidos e básicos, nomeadamente vermelho ácido 111 e vermelho básico 118, de uma solução aquosa (Ayan et al. 2011). Foi relatado que a capacidade de adsorção do caule da videira foi melhorada através do tratamento com soluções aquosas 1M de HNO3 e H3PO4. Do mesmo modo, a adsorção do corante azul de metileno foi estudada em carbono preparado a partir da parte do caule por Abuthahir e colaboradores (2017). Habib et al. (2006) examinaram a utilização do pau de tuberosa como adsorvente para a remoção do corante azul de metileno.

O jacinto de água é a erva daninha com pior crescimento, uma vez que absorve a maior parte da luz solar que incide na superfície da água, afectando assim a atividade fotossintética de outras plantas aquáticas. Wanyonyi et al (2014) investigaram a utilização potencial de raízes de jacinto de água para a remoção do corante vermelho congo. Verificou-se que a capacidade da monocamada era de 1,580 mg/g. É também um adsorvente eficaz para a remoção dos corantes azul de metileno e azul de Vitória (Kanawade e Gaikward, 2011; Lee et al. 1995).

2.1.7. Sementes

Cassia fistula "a árvore do duche dourado" é uma planta com flor que pertence à família Fabaceae. As sementes, a casca, os frutos e as flores têm um grande valor medicinal. Kaur e Thakur (2014) investigaram a utilização potencial de cinzas de sementes de *Cassia fistula* como adsorvente para a remoção do corante carcinogénico vermelho congo de uma solução aquosa.

O durião (*Durio zibethinus Linn.*) é um fruto geralmente conhecido no Sudeste Asiático. Ahmad et al. (2014) estudaram o carvão ativado derivado da semente de durião após tratamento químico para a adsorção do corante verde malaquite.

2.1.8. Concha:

A casca de coco, um resíduo sólido agrícola, foi utilizada como adsorvente por Singh et al. (2003) para a remoção dos corantes básico e ácido azul de metileno e alaranjado de metilo. Etim et al. (2016) investigaram o pó de coco como um potencial adsorvente para a remoção de azul de metileno de uma solução aquosa. Foi relatado que a percentagem de adsorção variou linearmente com a quantidade de adsorvente, a concentração e o tempo, mas com o pH variou de forma nao linear. Do mesmo modo, a casca de amendoim, devido à sua natureza carbonosa e fibrosa, foi utilizada para a remoção do corante verde malaquite de uma solução aquosa (Malik, 2007).

Capítulo 3

3. Resíduos domésticos

3.1. Casca de frutos:

Os materiais residuais provenientes da agricultura e da indústria, tais como: casca de laranja, medula de banana, casca de batata, espiga de milho, pó de folhas de plantas, fibra vegetal, *etc.*, são adsorventes eficientes. Estes materiais são abundantes na natureza, económicos e requerem pouco processamento. Geralmente, a casca e a medula da fruta são descartadas nas indústrias de sumos e refrigerantes em todo o mundo. A Índia é o segundo maior consumidor e produtor de frutas. Estes subprodutos residuais têm sido utilizados como tal ou carbonizados. Por exemplo, a casca de laranja é composta por celulose, pectina, hemiceluloses, lignina, pigmentos de clorofila e outros hidrocarbonetos de baixo peso molecular (Munagapati e Kim, 2016). Estes componentes contêm vários grupos funcionais, como carboxilo e hidroxilo, o que torna a casca de laranja um potencial adsorvente para a remoção de corantes de águas residuais. Foi relatada a utilização de resíduos de casca de laranja como adsorvente para a remoção de vermelho congo, laranja procion, rodamina b e violeta ácido 17 de uma solução aquosa (Namasivayam et al. 1996; Shivraj et al.2001). Do mesmo modo, outro investigador, Annadurai et al. (2002), estudou a remoção de vários corantes, como o alaranjado de metilo, o azul de metileno, a rodamina B, o vermelho de congo, o violeta de metilo e o preto de amido 10B, em cascas de laranja. O pó de casca de laranja modificado catiónico (CMOPP) foi estudado por Munagapati e Kim (2016) para a adsorção do corante azo aniónico vermelho congo. Do mesmo modo, a medula da banana foi estudada para a adsorção de vários tipos de corantes, tais como: laranja de metilo, azul de metileno, rodamina B, vermelho de congo, violeta de metilo, amido preto 10B de efluentes (Annadurai et al. 2002; Namasivayam e Kanchana, 1993). Namasivayam et al. (1998) registaram a remoção do vermelho direto e do azul brilhante ácido da medula da banana. A casca de maracujá amarelo (*Passiflora edulis* Sims. f. *flavicarpa* Degener), um resíduo sólido em pó, foi utilizada como adsorvente económico alternativo para a remoção do corante azul de metileno de uma solução aquosa (Pavan et al. 2008). Do mesmo modo, a casca de alho foi utilizada para a remoção do corante azul de metileno por Hameed e Ahmad (2009). Outras cascas, como as de ervilha, rambutan, noz de pão, mosambi, etc., também foram utilizadas como adsorventes eficientes e estão listadas na Tabela 1.

Tabela 1: Lista de outros resíduos domésticos utilizados para adsorção

Adsorvente	**Adsorvente**	**Capacidade de adsorção (mg/g)**	**Referência**
Casca de mangostão	Azul de metileno	56.50	Ong et al. (2012)
A casca de Pulasan	Azul de metileno	34.97	Ong et al. (2012)
Casca de ananás	Azul de metileno	50.51	Ong et al. (2012)

Casca de laranja	Azul de metileno	48.31	Ong et al. (2012)
Casca de pamelo	Azul de metileno	78.74	Ong et al. (2012)
Abacate	Azul de Alcian, vermelho neutro, azul de metileno, Coomassie azul brilhante G-250	31.04 6.88 62.11 3.23	Mallampati et al. (2015)
Hamimelão	Azul de Alcian, vermelho neutro, Azul de metileno, Coomassie azul brilhante G-250	66.55 6.31 58.60 4.03	Mallampati et al. (2015)
Frutos do dragão	Azul de Alcian, vermelho neutro, azul de metileno, Coomassie azul brilhante G-250	71.85 13.68 62.58 3.06	Mallampati et al. (2015)

Casca de ervilha	Bismarck castanho R	5.37	Tseng et al. (2003)
Casca de ervilha	Cristal violeta	17.61	
Casca de noz-da-índia	Azul de metileno	409.00	Lim et al. (2017)
Pummelo	Metileno	390.6	Hu et al.
casca	azul		(2009)
Casca de Mosambi	Sudão vermelho G	27.03	Ladhe e Patil (2014)

3.2. Saquetas de chá gastas:

As folhas de chá usadas e os sacos de chá, devido ao seu baixo custo, foram utilizados como adsorventes para a remoção do corante básico astrazon red 6b (Ozbas et al. 2013). Do mesmo modo, as saquetas de chá usadas também foram investigadas como potencial adsorvente para a remoção de corantes reactivos, nomeadamente azul reativo 19, vermelho reativo 120, violeta reativo 5 e verde reativo 19 de águas residuais (Zuorro et al. 2013 a; Zuorro et al. 2013 b).

Capítulo 4

4. Resíduos florestais

4.1. Serragem:

A serradura ou pó de madeira é um subproduto do corte, trituração e perfuração da madeira com serras ou outras ferramentas. Estes resíduos de madeira estão presentes numa quantidade muito grande e, devido ao seu baixo custo e às suas propriedades físico-químicas, podem ser considerados como potenciais adsorventes. A serradura é um dos materiais mais promissores entre os resíduos agrícolas e pode ser utilizada para remover poluentes, tais como corantes, sais e metais pesados das águas residuais. O material é constituído por lignina, celulose e hemicelulose, com grupos polifenólicos e estes grupos fenólicos desempenham um papel importante na ligação de corantes através de diferentes mecanismos. Hebeish et al. (2011) examinaram o adsorvente preparado a partir de serradura de madeira com teor de cinzas de lenhina (3%), hemiceluloses (17%), lenhina (30%) e celulose (50%). Verificou-se que o adsorvente é eficaz na remoção do vermelho direto 23 de uma solução aquosa. A serradura de pau-rosa tratada foi estudada por Garg et al. em 2002 para a adsorção do corante verde malaquite. A serradura também foi estudada como adsorvente por Karadagi e Hiremath (2016), para a remoção de águas residuais têxteis. Hameed et al. (2007) estudaram a etapa limitadora da taxa de adsorção do corante azul de metileno na serradura de vime, elucidada através da investigação da cinética de adsorção. A taxa de adsorção foi controlada pela difusão da película durante um curto período de tempo. A adsorção de um corante básico, o azul de metileno, na serradura foi investigada por Nimkar e colaboradores (2014). Dulman e Cucu- Man (2009) estudaram a capacidade de adsorção da serradura de madeira de praia para a adsorção de seis corantes reactivos, nomeadamente, azul direto 6, castanho direto 2, verde direto 26, castanho direto, vermelho reativo 3 e azul básico 86. Do mesmo modo, Izadyar e Rahimi (2007) estudaram a remoção dos corantes direct orange 26, acid orange 7 e acid green 20 em serradura de madeira de praia com um tamanho entre 150-250^m. Verificou-se que a capacidade máxima de adsorção em monocamada para os corantes laranja direto 26, laranja ácido 7 e verde ácido 20 era de 2,78 mg/g, 5,06 mg/g e 7,81 mg/g. Vijayakumar et al. (2013) trataram as águas residuais da indústria têxtil utilizando serradura e encontraram uma atividade potencial de adsorvente para tratamento. Malik (2003 b) investigou a serradura de mogno como adsorvente para a remoção de (corante ácido) amarelo ácido 36.

4.2. Casca:

A camada mais externa do caule e da raiz das plantas é designada por casca. É constituída por vários biopolímeros, taninos, lenhina, suberano e polissacáridos. A adsorção do corante azul de metileno de uma solução aquosa utilizando a casca de *Eucalyptus sheathiana* foi relatada na literatura (Dawood et al. 2016). A remoção do corante verde malaquite utilizando casca de manga e de neem foi investigada por Srivastava e Rupainwar, 2011. A árvore de teca (*Tectona grandis*) como adsorvente de baixo custo foi examinada por Patil et al. (2011) para a remoção do corante básico (azul de metileno) de uma solução aquosa.

4.3. Lodo:

A literatura refere que as lamas de resíduos industriais têm sido utilizadas como novos adsorventes não convencionais de baixo custo para a remoção de corantes. Os corantes rodamina b e verde malaquite foram removidos de uma solução aquosa por adsorção em lamas da indústria do papel tratadas com ácido sulfúrico (Thakur e Kaur. 2017; Thakur e Kaur. 2016). A capacidade máxima de adsorção em monocamada foi de 6,711 e 19,23 mg/g para os corantes rodamina b e verde malaquite à temperatura de 308 K. O processo de adsorção obedeceu a uma cinética de pseudo-segunda ordem.

Capítulo 5

5. Resíduos animais:

A literatura refere que foram efectuados estudos de adsorção em descontínuo utilizando a gota de pombo como adsorvente para a remoção dos corantes rodamina B e vermelho congo (Kaur e Kaur, 2014; Kaur et al. 2014).

A utilização de outros resíduos de aves de capoeira, *ou seja*, penas de galinha, foi registada para a remoção de vários corantes: verde malaquite, azul brilhante FCF, tartrazina, índigo carmim, preto amido 10B e amarelo brilhante (Mittal et al. 2006a; Mittal et al. 2006b; Mittal et al. 2007a; Mittal et al. 2007b; Mittal et al. 2013; Mittal et al. 2012).

Os outros adsorventes utilizados para a remoção de corantes de águas residuais estão listados na Tabela 2.

Tabela 2: Capacidades de adsorção de alguns adsorventes para a remoção de corantes

Adsorvente	**Adsorvente**	**Capacidade de adsorção (mg/g)**	**Tempo de contacto**	**Referência**
AC-Pinhal	Azul ácido 264	1176.00	5 dias	Tseng et al. (2003)

AC-Pinhal	azul básico 264	1119.00	5 dias	Tseng et al. (2003)
Casca	Vermelho básico 2	1119.00	6 h	Mckay et al. (1999)
Resíduos de algodão	Vermelho básico 2	875.00	6 h	Mckay et al. (1999)
Casca de arroz	Vermelho básico 2	838.00	6 h	Mckay et al. (1999)
Palha de carbono	Azul básico 9	472.11	35 min	Kannan e Sundaram (2001)
Serragem de pinheiro	Amarelo ácido 132	398.80	120 min	Ozacar e Sengil (2005)
Casca de arroz	Azul básico 9	343.50	40 min	Kannan e
carbono				Sundaram (2001)

Carvão de casca de coco	Azul básico 9	277.90	90 min	Kannan e Sundaram (2001)
AC- casca de sementes de pongam	Vermelho ácido 114	204.08	8 h	Thinakara n et al. (2008)
Cabelo humano	Vermelho básico 2	190.00	6 h	Mckay et al. (1999)
Carbono de serradura	Amarelo ácido 36	183.80	60 min	Malik (2003)
Carbono de casca de amendoim	Azul básico 9	164.90	45 min	Kannan e Sundaram (2001)
AC- casca de sementes de algodão	Vermelho ácido 114	153.85	8 h	Thinakara n et al. (2008)
Carbono de pó de bambu	Azul básico 9	143.20	40 min	Kannan e Sundaram (2001)
Carvão	Vermelho básico 2	120.00	6 h	Mckay et al. (1999)

AC- casca de sementes de gingela	Vermelho ácido 114	102.04	8 h	Thinakara n et al. (2008)
Carbono de casca de arroz	Amarelo ácido 36	86.90	180 min	Malik (2003)
Casca de avelã	Azul básico 9	76.90	180 min	Ferrero (2007)
Perlite	Rodamina B	67.94	30 min	Vijaykum ar et al. (2012)
Farinha de ossos animais	Vermelho básico 12	64.95	60 min	Haddad et al. (2012)
Casca de avelã	Azul ácido 25	60.20	180 min	Ferrero (2007)
Serragem de nogueira	Azul básico 9	59.17	180 min	Ferrero (2007)
Pele de *Artocarpus altilis*	Verde malaquite	55.20	3.5 h	Lim et al. (2016)

Casca de arroz	Azul ácido	50.00	10 h	Mohamed (2004)
Luffa cylindrica	Azul de metileno	49.46	160 min	Boudechic he et al. (2016)
Serragem de cerejeira	Azul básico 9	39.84	180 min	Ferrero (2007)
Pó de folhas de Calotropis procera	Verde malaquite	39.22	30 min	Kaur e Kaur (2017)
Serragem de nogueira	Azul ácido 25	36.98	180 min	Ferrero (2007)
Serragem de cerejeira	Azul ácido 25	31.98	180 min	Ferrero (2007)
Serragem de carvalho	Azul básico 9	29.94	180 min	Ferrero (2007)
Serragem de carvalho	Azul ácido 25	27.05	180 min	Ferrero (2007)

Serragem de pinheiro manso	Azul básico 9	27.78	180 min	Ferrero (2007)
Pó de folhas de Calotropis procera	Vermelho Congo	25.77	60 min	Kaur e Kaur (2017)
Pó de folhas de Calotropis procera	Amido preto 10B	19.31	60 min	Kaur e Kaur (2017)
Pinho de breu serradura	Azul ácido 25	26.19	180 min	Ferrero (2007)
Lamas residuais da indústria do papel	Verde malaquite	19.23	60 min	Thakur e Kaur (2016)
Queda de pombos	Vermelho Congo	18.75	60 min	Kaur et al. (2014)
Medula de bagaço	Azul ácido 25	17.50	5 dias	Chen et al. (2001)
Queda de pombos	Rodamina B	8.55	45 min	Kaur e Kaur (2014)

Lamas residuais da indústria do papel	Rodamina B	6.71	60 min	Thakur e Kaur (2017)
Carvão vegetal de pinha	Rodamina B	6.17	60 min	Thakur e Kaur (2016)
Carvão de sementes de Cassia fistula	Vermelho Congo	2.46	30 min	Kaur e Thakur (2014)
Medula de coco	Violeta ácido	1.65	120 min	Namasiva ym et al. (2001)

Capítulo 6

6. Factores que afectam o processo de adsorção:

O efeito de vários parâmetros na adsorção foi estudado em termos de percentagem de remoção e de capacidade de adsorção (quantidade de substância adsorvida por unidade de massa de adsorvente). Os factores abaixo indicados afectam a taxa de adsorção:

a) Tempo de contacto
b) Concentração inicial do corante
c) Dose de adsorvente
d) Temperatura
e) pH
f) Força iónica
g) Surfactante

a) Tempo de contacto: A taxa de adsorção depende do tempo de contacto, sendo que um maior tempo de contacto conduz a uma maior adsorção. A literatura refere que, com o aumento do tempo de contacto, a taxa de adsorção aumenta inicialmente muito rapidamente, tornando-se depois constante ou quase constante. Esta fase representa o estado de equilíbrio. Nesta fase, a taxa de adsorção torna-se igual à taxa de dessorção. O tempo nesta fase é conhecido como tempo de equilíbrio e, após o tempo de equilíbrio, o aumento da taxa de adsorção é muito pequeno ou negligenciável (Figura 1).

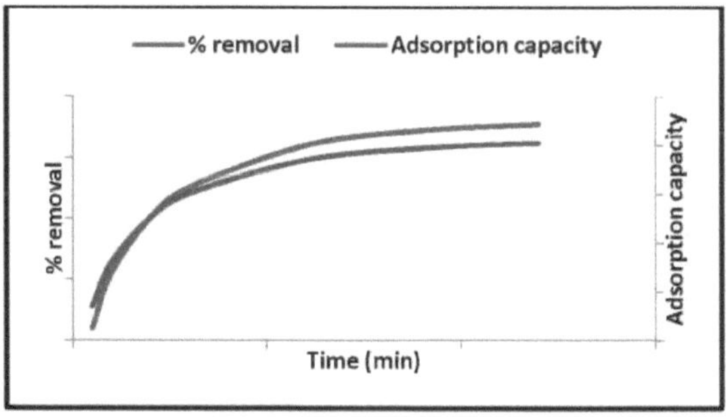

Figura 1: Efeito do tempo de contacto na adsorção de corantes.

b) Concentração inicial: A literatura refere que, com o aumento da concentração, a percentagem de remoção do corante por adsorção diminui. O número total de sítios activos é constante, o que não permite a continuação da adsorção. Mas a capacidade de adsorção aumenta com o aumento da concentração. A razão entre o número inicial de moléculas de corante e a superfície disponível é baixa a baixa concentração e alta a alta concentração inicial. A apresentação gráfica do efeito da concentração inicial na taxa de adsorção é dada na Figura 2.

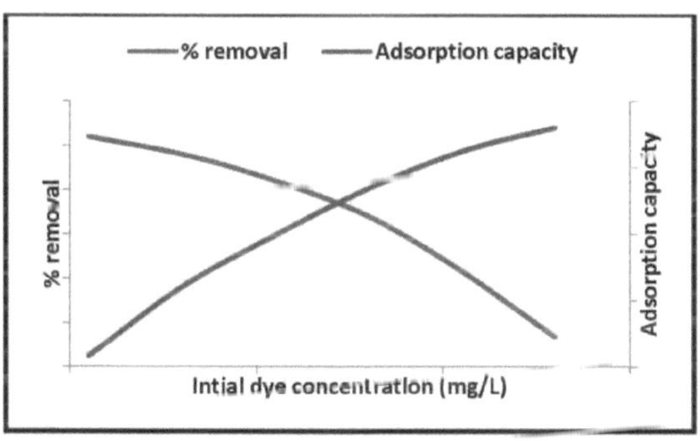

Figura 2: Efeito da concentração inicial do corante

c) Dose de adsorvente: Uma vez que o adsorvente fornece uma superfície para a adsorção ter lugar. Assim, quanto maior for a quantidade de adsorvente, maior será a taxa de adsorção. Assim, a percentagem de remoção aumenta com o aumento da dose de adsorvente. Mas a capacidade de adsorção diminui com o aumento da dose de adsorvente para uma concentração inicial constante de corante. Os locais de adsorção permanecem insaturados durante o processo de adsorção devido ao aumento dos locais de adsorção. O efeito pode ser representado pela representação gráfica da percentagem de remoção/capacidade de adsorção em função da quantidade de dose de adsorvente (Figura 3).

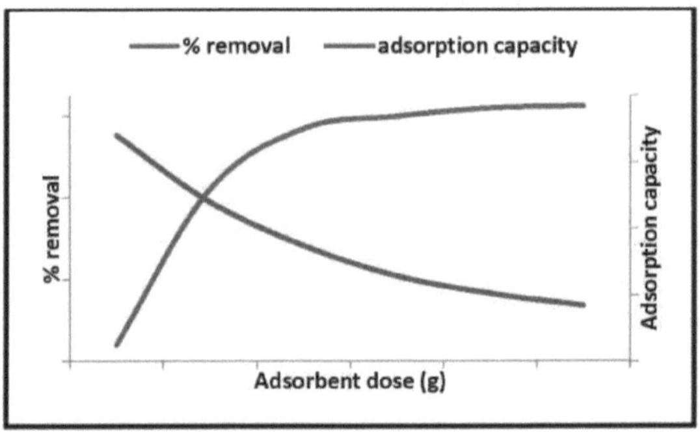

Figura 3: Efeito da quantidade de adsorvente

d) Temperatura: A taxa de adsorção pode aumentar ou diminuir com o aumento da temperatura, dependendo do facto de o processo de adsorção ser exotérmico ou endotérmico por natureza. Os dados recolhidos sobre o efeito da temperatura foram utilizados para calcular os parâmetros termodinâmicos, tais como a variação da energia livre, a variação da entalpia e a variação da entropia. Os valores de AH e AS foram calculados a partir do declive e da interceção do gráfico de ln Kd versos 1/T.

e) pH: O efeito do pH da solução na adsorção do corante depende da natureza dos corantes, ou seja, os corantes catiónicos são adsorvidos numa extensão mínima a pH baixo. Como a pH baixo, há competição entre o corante catiónico e o ião H^+ para ocupar o sítio ativo, enquanto a taxa de adsorção de corantes aniónicos é maior a pH baixo.

f) Força iónica: O processo de adsorção pode ser afetado na presença de alguns sais, que estão presentes nas águas residuais (força iónica). O efeito da força iónica na adsorção foi estudado através da adição de diferentes quantidades de sais (normalmente NaCl) à solução adsorvente-adsorvato. O mecanismo de atração eletrostática dos corantes catiónicos em soluções de elevada força iónica foi suprimido devido à competição com o Na^+ pelos sítios activos na superfície do adsorvente, levando à repulsão eletrostática. No entanto, no caso dos corantes aniónicos, a força iónica elevada aumenta as interações hidrofóbicas-hidrofóbicas através da compressão da dupla camada eléctrica que aproxima as partículas, o que leva a um aumento da adsorção do corante.

g) Surfactante: A presença de surfactante no sistema de adsorção afecta a taxa de adsorção, dependendo da natureza do surfactante e do corante. A presença de um tensioativo catiónico aumenta a adsorção do corante aniónico e a adição de um tensioativo aniónico aumenta a adsorção do corante catiónico devido às forças electrostáticas que actuam entre o tensioativo de carga oposta e a molécula do corante.

6.2. Cinética de adsorção:

O mecanismo e o efeito de diferentes parâmetros são factores importantes para todos os processos físicos ou químicos. Por conseguinte, é necessário o conhecimento da cinética do processo. Foram propostos vários modelos para descrever a taxa, a ordem e o mecanismo de controlo do processo de adsorção. Para compreender a cinética das reacções de superfície, considere uma reação:

$A \longrightarrow B$

Geralmente, a taxa de reação é representada como:

$$Rate = -\frac{d[A]}{dt} = \frac{d[B]}{dt} = -\frac{dN_A}{dt} = \frac{dN_B}{dt}$$

Em termos de partícula/volume/seg., isto é, taxa de variação da concentração em função do tempo.

Aqui, nas reacções de superfície, as concentrações bidimensionais devem ser tidas em conta, uma vez que a superfície desempenha um papel vital no processo de adsorção. Assim, a taxa de reação pode ser representada por:

$$Rate = -\frac{d[A]}{dt} = \frac{d[B]}{dt} = -\frac{dN_{A,S}}{dt} = \frac{dN_{B,S}}{dt}$$

(em termos de partículas por unidade de área por segundo)

De um modo geral, as equações cinéticas de pseudo-primeira e segunda ordem são frequentemente aplicadas aos dados de adsorção.

a) Modelo de pseudo-primeira ordem: O modelo de pseudo-primeira ordem é proposto por Lagergren para o processo de adsorção. A equação cinética de Lagergren foi apresentada em 1898 para o sistema de adsorção líquido-sólido. É proposta com base no facto de um adsorvente ser adsorvido num local ativo da superfície. A equação pode ser representada por:

$$\frac{d(N_A)_t}{dt} = k_1[(N_A)_0 - (N_A)_t]$$

$$\frac{dq}{dt} = k_1(q_e - q)$$

A integração da equação entre a condição de fronteira t=0 to t=t and q=0 to $q=q_t$

dá o seguinte

equação:

$$\log(q_e - q_t) = log q_{e}- \frac{kt}{2.303}$$

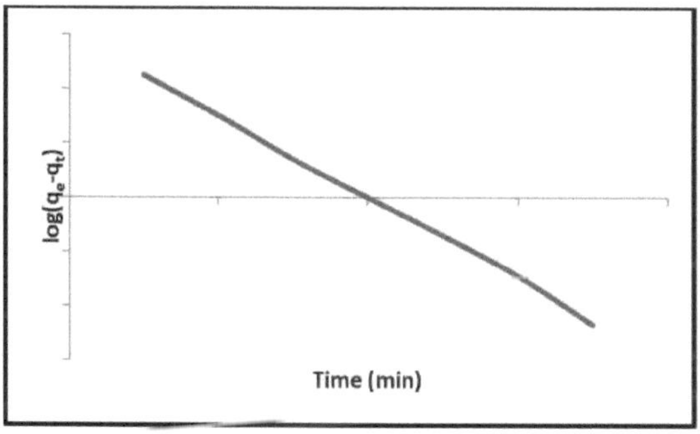

Figura 4: Pseudo modelo de primeira ordem

b) Modelo de pseudo-segunda ordem: É proposto com base no facto de um adsorvente ser adsorvido em dois locais activos da superfície. A equação cinética é representada por

$$\frac{d(N_A)_t}{dt} = k_2[(N_A)_0 - (N_A)_t]^2$$

Onde; $(N_A)_0$ e $(N_A)_t$ representam o número de sítios activos ocupados no tempo t=0 e t=t.

A equação pode ser representada da seguinte forma:

$$\frac{dq}{dt} = k_2(q_e - q)^2$$

Onde; qt é a quantidade de adsorvato adsorvido em qualquer tempo t e qe é a quantidade de adsorvato adsorvido no tempo de equilíbrio. Integrar a equação entre as condições de fronteira t=0 to t=t and q=0 to q=q_t.

$$\frac{1}{(q_e - q_t)} = \frac{1}{q_e} + k_2 t$$

A forma linear desta equação integrada dada por Ho e Mckay (1999) é dada como

$$\frac{t}{q_t} = \frac{1}{k_2 q_e^2} + \frac{t}{q_e}$$

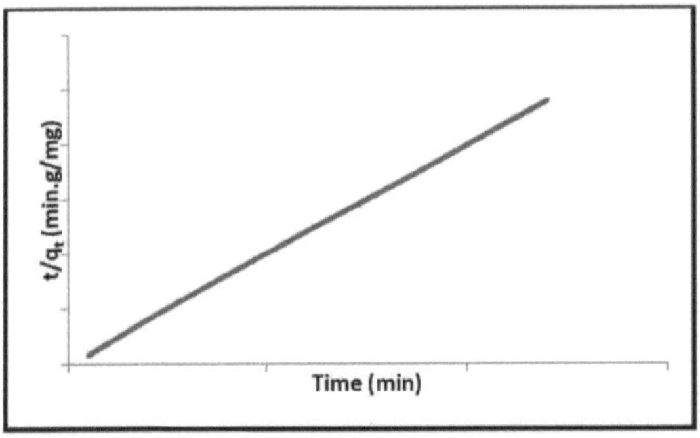

Figura 5: Pseudo-modelo de segunda ordem

c) Etapa determinante da taxa: Para o estudo da cinética do processo de adsorção e do seu mecanismo, é importante a etapa de determinação da taxa. O processo de adsorção decorre através das seguintes etapas:

(i) Transporte a granel da solução.

(ii) Dessorção e sorção com partículas e superfície sólida.

(iii) O transporte do adsorvato ocorre dentro dos poros, ou seja, difusão intra-partícula.

(iv) Difusão numa superfície sólida, ou seja, difusão de película.

As etapas c e d são determinantes para a taxa, uma vez que as etapas a e b são rápidas.

O modelo de difusão de película é proposto por Boyd. De acordo com este modelo

$$B_t = -0.4977 - \ln(1 - F)$$

Em que F = qt/qe

O modelo sugere que se o gráfico entre Bt e t for linear e passar pela origem, então a difusão de partículas é a etapa determinante da taxa; caso contrário, a difusão de película é considerada como etapa determinante da taxa.

O modelo de difusão intra-partícula foi proposto por Weber e Morris (1963). O modelo divide-se em três fases.

(i) Adsorção na superfície externa

(ii) Fase de difusão intra-partícula

(iii) Fase de equilíbrio, devido à baixa concentração de adsorvato na solução, a difusão intra-partícula torna-se mais lenta.

$$q_t = k_{ipd} t^{1/2} + C$$

O gráfico entre qt versos $t^{1/2}$ é apresentado na Figura 6.

A primeira secção linear representa a fase de difusão intra-partícula. A segunda secção representa a fase de equilíbrio.

A adsorção na superfície externa não é observada. É uma fase rápida e pode ocorrer no espaço de cinco minutos após a adsorção.

Além disso, se C = 0, então a difusão intra-partícula é o passo determinante da taxa. E se C / 0, então a difusão intra-partícula não é o passo determinante da taxa.

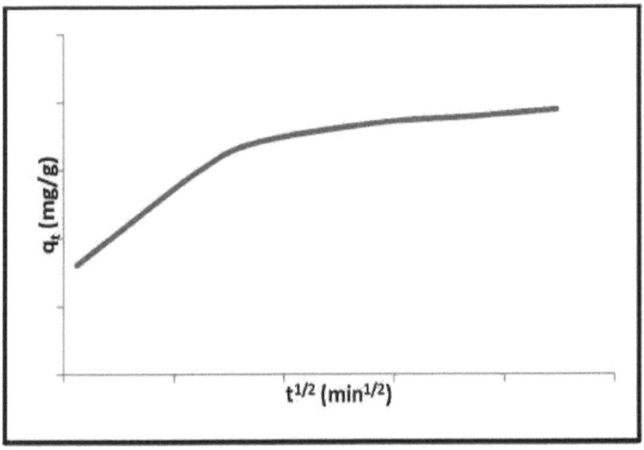

Figura 6: Modelo cinético intra-partícula

6.2. Isotérmica de adsorção:

a) **Modelo de Langmuir:** Os principais pressupostos do modelo de Langmuir:

- A superfície do adsorvente é uniforme e os locais de adsorção são equivalentes.
- O mecanismo de adsorção é o mesmo para todos os sítios.
- As moléculas adsorvidas não interagem umas com as outras.
- As moléculas do adsorvato formam uma camada unimolecular.

É descrito em termos de $\theta = \frac{kP}{1+kP}$

A isotérmica de Langmuir pode ser expressa como (Langmuir 1915):

$$\frac{C_e}{q_e} = \frac{C_e}{q_m} + \frac{1}{q_m b_L}$$

Onde, C_e (mg/L) e q_e (mg/g) são a concentração de equilíbrio do corante na solução e no adsorvente, respetivamente; q_m (mg/g) e b_L (L/mg) são a capacidade da monocamada e a constante de Langmuir relacionada com a afinidade dos sítios de ligação e a energia de biossorção. Esta equação corresponde a um gráfico cinético de primeira ordem entre C_e / q_e e C_e. Para identificar a viabilidade e a favorabilidade do processo de adsorção, foi adotado um fator de separação constante e sem dimensão (R_L). O fator de separação (R_L) é expresso pela equação:

$$R_L = \frac{1}{(1 + b_L C_0)}$$

Onde, C0 (mg L^{-1}) é a concentração inicial do corante. O valor de R_L indica o tipo de isoterma, ou seja, favorável ($0 < R_L < 1$), linear ($R_L = 1$) ou desfavorável ($R_L > 1$).

A isotérmica de adsorção de Langmuir pode ser transformada em

$$\frac{d\theta}{dt} = k_1(\theta_e - \theta_t) + k_2(\theta_e - \theta_t)^2$$

para uma equação de taxa de ordem variável.

No caso de $k_1/k_2 \geq \theta_e$, , a adsorção de Langmuir

é descrito pela equação de primeira ordem e, se $k_1/k_2 \leq \theta_e$, , o processo de adsorção de Langmuir é descrito pela equação de segunda ordem.

b) Modelo de Freundlich: É uma equação empírica e é aplicável tanto a superfícies homogéneas como heterogéneas. De acordo com a equação, a baixa concentração

$q_e \alpha C$

em concentrações elevadas, é independente da concentração.

$qe \alpha C^0$

Na concentração normal

$q_e \alpha C^{1/n}$.

Pode ser descrito da seguinte forma (Freundlich 1906):

$$log q_e = log K_F + (1/n) log C_e$$

Onde, K_F (mg/g) e n são as constantes de Freundlich, que estão relacionadas com a capacidade de adsorção e a intensidade de adsorção do sistema. O valor de n indica o tipo de processo de adsorção, ou seja, favorável (n > 1), desfavorável (n < 1) e linear(n = 1).

c) Isotérmica de Temkin: Tem em conta os efeitos das interações indirectas entre o adsorvente e o adsorvato no processo de adsorção. A adsorção é caracterizada por uma distribuição uniforme das energias de ligação. É aplicável à adsorção física. A isotérmica assume que o calor de adsorção diminui linearmente com o aumento da cobertura da superfície do adsorvente.

$$q = \beta \ln(AC_e) = \frac{RT}{b} ln k_T + \frac{RT}{b} ln C_e$$

A isotérmica de Temkin pode ser aplicada na forma linear como (Wang e Qin, 2005):

$$q = \beta lnA + \beta lnC_e$$

Onde, b é a constante de Tempkin relacionada com o calor de adsorção e kT a constante da isoterma de Tempkin.

d) Isotérmica Dubinin-Raduskevich (D-R): A teoria é conhecida como teoria Dubinin-Polyani de preenchimento de microporos ou teoria de preenchimento de volume de microporos. Baseia-se no postulado de que o mecanismo de adsorção nos microporos é o do preenchimento dos poros em vez da formação de camadas. É a teoria do potencial de adsorção de poliânions. É um modelo empírico e é aplicado para expressar o mecanismo de adsorção com distribuição de energia guassiana numa superfície heterogénea. O modelo assume um carácter multicamada envolvendo as forças de Vander Waal, ou seja, adsorção física. Depende da temperatura e só é adequado para uma gama intermédia de concentração de adsorvato. D-R

e) pode ser representada como (Kaur e Kaur, 2017b;

f) Dubinin, 1960):

g) $$lnq_e = lnq_m - \beta\varepsilon^2$$

h) Onde, ß é a constante D-R, R é a constante dos gases, T é a temperatura absoluta e e é a energia média de adsorção.

Referências:

Abuthahir, K.A.S., Pragathiswaran, C., Govindhan, P., Abbubakkar, B.M. e Sridev, V.S., *Int. J. Res. Pharm. Chem.*, **7(1)** (2017) 120-125.

Ahmad, M.A., Ahmad, N. e Bello, O.S., *Water, Air, Soil Pollut,* **225** (2014) 2057-2075.

Allen S. J., McKay G. e Porter J.F., *J. Colloid. Interface Sci.*, **280** (2004) 322-333.

Annadurai, G., Juang, R.S., Lee, D.J., *J. Hazard. Mater., 92* (2002) 263-274.

Ayan, E.M., Toptas, A., Kibrislioglu, G., Yalcinkaya, E. E.S. e Yanik, J., *Clean -Soil Water Air*, **39(4)** (2011) 406-412.

Azhar, S.S., Liew, A.G., Suhardy, D., Hafiz, K.F. e Hatim, M.D.I., *Americ. J. Appl. Sci.*, **2(9)** (2005), xx-xx.

Barka, N., Ouzaouit, K., Abdennouri, M. e El- Makhfouk, M., *J. Taiwan Inst. Chem. Eng.,* **44** (2013) 52-60.

Bharathi, K.S. e Ramesh, S.T., *Appl.Water Sci.,* **3** (2013) 773-790.

Bhatnagar, A. e Minocha, A.K., *Ind. J. Chem. Technol.*, **13** (2006) 203-217.

Boudechiche, N., Mokaddem, H. e Sadaoui, Z., *Int. J. Ind. Chem.,* **7** (2016) 167-180.

Chandrasekhar, S. e Pramada, P. N., *Adsorption*, **12** (2006) 27-43.

Chen, B.N., Hui, C.W. e McKay, G., *Chem. Eng. J.,* **84** (2001) 77-94.

Chowdhury, A.K., Sarkar, A.D. e Bandyopadhyay, A., *Clean: Water Air*

Soil, **37 (7)** (2009) 581-591.

Dawood, S., Sen, T.K. e Phan, C., *Desalin. Water Treat,* **57(59)** (2016) 28964-28980.

Dubinin, M.M., *Chem. Rev.,* **60(2)** (1960) 235241

Dulger, O., Turak, F., Turhan, K. e Ozgur, M., ,*Int. J. Analytic. Chem.*, (2013). Doi: http://dx.doi.org/10.1155/2013/210470.

Dulman, V. e Cucu-Man, S.M., *J. Hazard. Mater.*, **162** (2009) 1457-1464.

El-Haddad, M., Mamouni, R., Saffaj, N. e Lazar, S., *J. Associat. Arab Uni. Basic Appl. Sci.,* **12** (2012) 48-54.

Etim, U.J., Umoren, S.A. e Eduok, U.M., *J. Saudi Chem. Soc.*, **20** (2016) S67-S76.

Fernandez, M.E., Nunell, G.V., Bonelli, P.R. e Cukierman, A.L., *Ind. Crop. Prod.,* **62** (2014) 437-445.

Ferrero, F., *J. Hazard. Mater.,* **142** (2007) 144-152.

Freundlich H., *J. Phys. Chem.*, **57** (1906) 384470.

Gaikwad, R.W. e Misal, S.A., *Korean J. Chem. Eng.*, **26(1)** (2009) 102-107.

Garg, V.K., Gupta, R., Yadav, R.B. e Kumar, R., *Bioresour. Technol.*, **89** (2003) 121-124.

Gong, L., Sun, W. e Kong, L., *Computational Water, Energy Environ. Eng.,* **2** (2013) 13-19.

Guilherme, A.A., Dantas, P.V.F., Santos, E.S., Fernandes, F.A.N. e

Macedo, G.R., *Brazilian J. Chem. Eng*., **32(1)** (2015) 23-33.

Gupta, V.K., Pathania, D., Sharma, S., Agarwal, S. e Singh, P., *J. Mol. Liq.,* **177** (2013) 325334.

Gupta, V.K., Pathania, D., Agarwal, S. e Sharma, S., *J. Mol. Liq.,* **174** (2012) 86-94.

Gusmäo, K.A.G., Gurgel, L.V.A., Melo, T.M.S. e Gil, L.F., *Dyes Pigments*, **92** (2012) 967974.

Habib, A., Hassa, Z., Rahman, A.S.M.S. e Alam, A.S.M., *Pak J. Environ. Chem*., **7(2)** (2006) 112-115.

Hameed, B.H. e Ahmad, A.A., *J. Hazard. Mater.,* **164** (2009) 870-875.

Hameed, B.H., Ahmad, A.L. e Latiff, K.N.A., *Dyes Pigments,* **75** (2007) 143-149.

Han, R., Wang, Y., Zhao, X., Wang, Y., CXie, F., Cheng, J. e Tang, M., *Desalin*., **245** (2009) 284-297.

Hebeish, A., Ramadan, M.A., Abdel-Halim, E. e Abo-Okeil, A., *Clean Tech. Environ. Policy*, **13** (2011) 713-718.

Ho Y. S. e McKay G., *Process Biochem,* **34** (1999) 451-465.

http://www. britannica.com>technology.

http://wikipedia.org

Hu, C., Li, J., Zhou, Y., Li, M., Xue, F. e Li, H., *J. Health sci.,* **55(4)** (2009) 619-624.

Ibrahim, M.B., Ibrahim, A.M., Haruna, M.A. e Yaro, M.S., *Chemsearch J*., **4(1)** (2013) 2228.

Izadyar, S. e Rahimi, M., *Pak. J. Bio. Sci.*, **10(2)** (2007) 287-293.

Kanawade, S.M. e Gaikwad, R.W., *Int. J. Chem. Eng. Appl.*, **2(5)** (2011) 317-319.

Kanawade, S.M., Gaikwad, R.W. e Misal, S.A., *Int. J. Chem. Eng. Appl.*, **1(4)** (2010) 309318.

Kannan, N., Sundaram, M.M., Dyes Pigments, **51** (2001) 25-40.

Karadagi, B.S. e Hiremath, G.M., *Int. J. Innov. Res. Sci. Eng. Technol.*, **5(6)** (2016) 95939597.

Kaur, R. e Kaur, H., *Asian J. Chem,* **29(2)** (2017a) 441-446. Doi:10.14233/ajchem.2017.20242

Kaur, R. e Kaur, H., *Desalin. Water Treat,* **78** (2017b) 253-262. Doi:10.5004/dwt.2017.20548

Kaur, R. e Kaur, H., *Model. Earth Syst. Ambiente,* **3(9)** (2017c) 1-13. Doi:10.1007/s40808-017-0274-3

Kaur, H. e Kaur, R., *J. Mater. Environ. Sci.,* **5(6)** (2014) 1830-1838.

Kaur, H., Swati e Kaur, R., *Chem. Sci. Trans.*, **3(4)** (2014) 1300-1309. Doi:10.7598/cst2014.922

Kaur, H. e Thakur, A., *Chem Sci Rev Lett.*, **3(11S)** (2014) 159-169 .

Khan, T.A., Sharma, S. e Ali, I., *J Toxicol. Environ. Health*, **3(10)** (2011) 286-297.

Kowsalya, E., Sharmila, S. e Rebbecca, J., *J. Chem. Pharm. Res.*, **7(9)** (2015), 659-665.

Lagergren S., *K. Sven. Vatenskapsakad. Handl.*, **244** (1898) 1-39.

Langmuir I., J. Am. Chem. Soc., **27** (1915) 1139-1143.

Lim, L.B.L., Priyantha, N., Mansor, N.H.M., *Desalin. Water Treat,* **57(35)** (2016) 16601-16610.

Lim, L.B.L., Priyantha, N., Tennakoon, D.T.B., Chieng, H.I., Dahri, M.K., Suklueng, M., *Arabian J. Chem.,* **10** (2017) S3216-S3228.

Low, K. S., Lee, C.K. e Bansal, R., *Indian J. Fibre Text Res.*, **29**, (2003), 239-259.

Malik, P.K., *Dyes Pigment,* **56(3)** (2003a) 239-249.

Malik, P.K., *Dyes Pigment*, **56** (2003b) 243250.

Malik, R., Ramteke, D.S. e Wate, S.R., *Waste Manag.*, **27** (2007) 1129-1138

Mallampati, R., Xuanjun, L., Adin, A. e Valiyaveettil, S., Sustainable Chem. Eng., **3** (2015) 1117-1124.

Manaskorn, R., Ruangchua, S. e Teachakulwiroj, S., *Environ. Hazard. Manag.*, **26** (2004) 14-23.

McKay, G., Porter J.F. e Prasad G.R., *Water, Air and Soil Pollut*, **114** (1999) 423-438.

Mittal, A., *J. Hazard. Mater.,* **133(1-3)** (2006a) 196-202.

Mittal, A., *J. Hazard. Mater.,* **128(2-3)** (2006b) 233-239.

Mittal, A., Kurup, L. e Mittal. J., *J. Hazard. Mater.,* **146** (2007a) 243-248.

Mittal, A., Mittal, J. e Kurup, L., *J. Environ. Prot Sci.,* **1** (2007b) 92-100.

Mittal, A., Thakur, V. e Gajba, V., *Environ. Sci. Pollut. Res.,* **20(1)** (2013)

260-269.

Mittal, A., Thakur, V. e Gajbe, V., *Environ. Sci. Pol. Res.,* **19(6)** (2012) 2438-2447.

Mohamed, M.M., *J. Colloid Interface Sci.,* **272** (2004) 28-34.

Munagapati, V.S. e Kim, D., *J. Mol. Liq.,* **220** (2016) 540-548.

Namasivayam, C. e Kanchana, N., *Pertanika, J. Sci. Technol,* **1** (1993) 33-42.

Namasivayam, C., Kumar, M.D., Selvi, K., Ashruffunissa Begum, R., Vanathi, T. e Yamuna, R.T., *Biomass Bioenergy,* **21** (2001) 477-483.

Namasivayam, C., Muniasamy, N., Gayatri, K., Rani, M. e Ranganathan, K., *Bioresour. Technol.,* **57** (1996) 37-43.

Namasivayam, C., Prabha, D. e Kumutha, M., *Bioresour. Technol.,* **64** (1998) 77-79.

Ngah, W.S.W. e Hanafiah, M.A.K.M., *Bioresource Technology,* ***99*** (2008) 3935-3948

Nimkar, D.A. e Chavan, S.K., *Int. J. Eng. Res.Technol*., **3(4)** (2014) 1579-1583.

Ong, S.T., Keng, P.S. e Lee, C.K., *Am J Appl Sci*., **74** (2010) 447-452.

Ong S. T., Keng P.S., Ooi, S.T., Hung, Y.T. e Lee S.L., *Asian J. Chem*., **74** (2012) 447-452.

Ozacar, M. e Sengil, I.A., *Bioresour. Technol.*, **96** (2005) 791-795.

Ozbas E.E., Ongen A. e Gokce C. E., *Desalin. Water Treat*, **51** (2013) 7523-7535

Patil, S., Renukdas, S. e Patil, N., *Int. J. Environ. Sci.*, **1(5)** (2011) 711-725.

Pavan, F.A., Mazzocato, A.C. e Gushikem, Y., *Bioresour. Technol.,* **99** (2008) 3162-3165.

Pelaez-Cid, A.A., Velazquez-Ugalde, I., Herrera-Gonzalez. A.M. e Garcia-Serrano, J., *J. Environ. Manag.,* **130** (2013) 90-97.

Ponnusami, V., Gunasekar, V. e Srivastavam S.N., *J Hazard Mater*, **169** (2009)119-127.

Rahman, I.A. e Ismail, J., *J. Mater. Chem.*, **3** (1993) 931-934.

Ramaraju, B., Reddy, P.M.K. e Subrahmanya, C., Environ Prog Sustain Energy, (2013). doi:10.1002/ep.

Raymundo, A.S., Zanarotto, R., Belisario, M., Pereira, M.D.G., Ribeiro, J.N., Ribeiro, A.V.F.N., *Braz. arch. biol. technol.*, **53(4)** (2010) doi:http://dx.doi.org/10.1590/S15169132010000 400023.

Saad, S.A., Isa, K.Md. e Bahari, R., *Desalin*, **264** (2010) 123-128.

Sharma, J. e Janveja, B., *Rasayan J. Chem,* **1(4)** (2008) 936-942.

Sharma, Y.C., Singh, B. e Uma, *Open Environ Pollut Toxicol J.*, **1(75)** (2009) 74-78.

Singh, K.P., Mohan, D., Sinha, S., Tondon, G.S. e Gosh, D., *Ind. Eng. Chem. Res.*, **42** (2003)1965-1976

Sivakumar, V.M., Thirumarimurugan, M., Xavier, A. M., Sivalingam, A. e Kannadasan T., *Int. J. Bioscience, Biochemistry Bioinformática*, **2(6)** (2012) 377-380.

Sivaraj, R., Namasivayam, C., Kadirvelu, K., *Waste Manage,* **21(1)** (2001)

105-110.

Srivastava, R. e Rupainwar, D.C., *Int. J. Chem. Technol.,* **18** (2011) 67-75.

Sumanjit e Prasad, N., *Ind. J. Chem.*, **40A** (2001) 388-391.

Tahir, H., Sultan, M., Akhtar, N., Hameed, U. e Abid, T., *J. Saudi Chem. Society,* **20** (2016) S115-S121.

Thakur, A. e Kaur, H., *Int. J. Chem. Phy. Sci.*, **5(4)** (2016) 17-28.

Thakur, A. e Kaur, H., *Asian J. Chem,* **28(10)** (2016) 2139-2145.

Thakur, A. e Kaur, H., *Int. J. Ind. Chem.*, **8(2)** (2017) 175-186.

Thinakaran, N., Panneerselvam, P., Baskaralingam, P., Elango, D. e Sivanesan, S., *J. Hazard. Mater.,* **158** (2008) 142-150.

Tseng, R.L., Wu, F.C. e Juang, R.S., *Carbon,* **41** (2003) 487-495.

Vijayakumar, G., Tamilarasan, R. e Dharmendirakumar, M., *J. Mater. Environ. Sci.,* **3(1)** (2012) 157.

Vijayakumar, S., Arunprakash, C., Sivakumar, V., Sangeetha, M., Narmatha, T., M., Nishanth e Gobinath, R., *Univers. J. Environ Res Technol.*, **3(6)** (2013) 695-698.

Wang X.S. e Qin Y., *Process Biochem*, **40** (2005) 677-680.

Wanyonyi, W.C., Onyari, J.M. e Shiundu, P.M., *Energy Procedia*, **50** (2014) 862-869.

Weber W. J. e Morris J. C., J. Sanit. Eng. Div. Am. Soc. Civ. Eng., **89** (1963) 31-60.

Weng, C.H., Lin, Y.T. e Tzeng, T.W., *J Hazard Mater.*, **170** (2009) 417-424.

Zawahry, El. e Kamel, M.M., *Water Res.*, **38** (2004) 2967-2972.

Zuorro A., Lavecchia R., Medici F. e Piga L., *Chem. Eng. Trans.*, **32** (2013 a) 19-24

Zuorro A., Santarelli M.L. e Lavecchia R., *Adv. Mat. Res.*, **803** (2013 b) 26-29

MIX
Papier aus verantwortungsvollen Quellen
Paper from responsible sources
FSC® C105338

Printed by Books on Demand GmbH, Norderstedt / Germany